為什麼我要保持清潔?

凱‧巴納姆 著　　帕特里克‧科里根 繪

新雅文化事業有限公司
www.sunya.com.hk

問題天天多系列
為什麼我要保持清潔？

作　　者：凱・巴納姆 (Kay Barnham)
繪　　圖：帕特里克・科里根 (Patrick Corrigan)
翻　　譯：張碧嘉
責任編輯：楊明慧
美術設計：蔡學彰
出　　版：新雅文化事業有限公司
　　　　　香港英皇道499號北角工業大廈18樓
　　　　　電話：(852) 2138 7998
　　　　　傳真：(852) 2597 4003
　　　　　網址：http://www.sunya.com.hk
　　　　　電郵：marketing@sunya.com.hk
發　　行：香港聯合書刊物流有限公司
　　　　　香港荃灣德士古道220-248號荃灣工業中心16樓
　　　　　電話：(852) 2150 2100
　　　　　傳真：(852) 2407 3062
　　　　　電郵：info@suplogistics.com.hk
印　　刷：中華商務彩色印刷有限公司
　　　　　香港新界大埔汀麗路36號
版　　次：二〇二一年十月初版

ISBN: 978-962-08-7846-6
Originally published in the English language as
"Why do I have to…Keep Clean?"
Franklin Watts
First published in Great Britain in 2021 by
The Watts Publishing Group
Copyright © The Watts Publishing Group 2021
Traditional Chinese Edition © 2021 Sun Ya Publications (HK) Ltd
18/F, North Point Industrial Building, 499 King's Road, Hong Kong
Published in Hong Kong, China
Printed in China

目錄

為什麼我要這樣做？

人人都有各自不想做的事情。

我不想睡覺！

我不想跟別人
分享零食！

我真的不想去
超級市場⋯⋯

那麼我們為什麼要做這些事情？

通常背後都有一個極好的原因，例如：

- 睡個好覺，我們第二天就有充足的精神。
- 與別人分享是友善的表現。
- 如果沒有人去買食物，大家就沒有食物吃。

為什麼？

我最愛清潔！

這本書關於怎樣保持清潔，以及注意衛生的重要性。

當你讀到最後一頁，你肯定不會忘記要**洗手**！

我的手很乾淨！

上完廁所後，蒂絲看了看自己的雙手。她覺得雙手看起來很乾淨，所以不用洗手。她想快些去做其他有趣的事情。

媽媽看見蒂絲從廁所裏出來，
説：「你有沒有洗手？」

「洗了。」蒂絲紅着臉回答。

媽媽皺着眉説：「你肯定？」
蒂絲點點頭，臉頰更紅了。

試想想……
你認為蒂絲為什麼
要説謊？

試想想……
為什麼蒂絲的媽媽要確定
蒂絲已經洗過手？

「我沒有洗手！」蒂絲衝口而出説，「對不起！」

媽媽溫柔地笑了笑。她説沒有聽到水聲，所以已經猜到了。

「為什麼我一定要洗手？」蒂絲問。

「用肥皂洗手能夠洗去手上的細菌。」媽媽解釋説，「細菌是會令你生病的。」

蒂絲答應媽媽，從今以後每次上完廁所都會
洗手，而且還要洗兩次。

你知道嗎？

- 糞便中的有害細菌會潛藏在廁所裏，所以每次上完廁所，別忘了要洗手。

- 洗手也是為了確保自己不會將細菌傳給其他人。

- 細菌不單在廁所裏存活，所以我們應該勤洗手，防止細菌和病毒（例如傷風和感冒）的傳播。

（在現實生活中，馬桶裏的細菌非常細小，難以用肉眼看見。）

我不需要洗澡！

這天精彩極了。艾奇在滿布泥濘
的路上踏單車，之後又堆沙堡壘，
還造了一桶黏黏的紫色液體。

現在是睡覺的時候，艾奇很累，
好想立刻就去睡。

「是時候洗澡了！」爸爸說。

「不不不！」艾奇打了個呵欠說，「我太累了！」

爸爸指出艾奇很骯髒。但艾奇認為睡覺時不需要乾淨。

「那麼讓我告訴你一些真相，你會改變你的想法的。」爸爸說。

試想想……
為什麼艾奇洗完澡後才去睡覺會比較好？

爸爸告訴艾奇，如果不洗澡，身上的污垢會令皮膚痕癢。如果身上有難聞的氣味，牀單和被子都會變臭。

爸爸說：「此外，如果你的牀滿布沙泥和黏液，你會睡得非常不舒服的。」

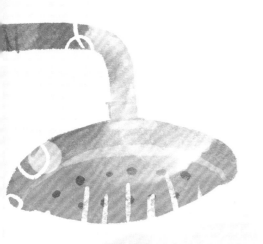

「嗯。」艾奇说,「但我仍然不想洗澡。」

「真的嗎?」爸爸说。

「我想淋浴。」艾奇笑着说,「這樣會快些洗完澡。」

你知道嗎?

- 用水和肥皂洗澡,能清除皮膚上的有害細菌。
- 如果不天天洗澡,身體就會開始發出異味。

我早上已經刷過牙了！

「別忘了刷牙啊。」保姆對
艾莉雅說。

「知道了。」艾莉雅告訴她，
「今天早上我已經刷過牙。
牙齒還很乾淨……你看！」

果然還很乾淨！艾莉雅笑的
時候，牙齒仍然閃閃發亮。

艾莉雅很滿意自己的牙齒。

今天她吃了些麥片、一件三明治、一塊餅乾、一個蘋果、番茄醬意粉，還有朱古力脆片雪糕。

如果她吃了那麼多食物，牙齒還很乾淨，那就不需要刷牙了！

試想想……
你認為艾莉雅的牙齒真的乾淨嗎？

保姆告訴艾莉雅，她還是要去刷牙。

艾莉雅把身體靠向保姆，說：「為什麼？」

保姆立刻向後退了一步。「當一些食物渣滓留在口裏，就可能會引致口臭。」她說，「更可怕的是，骯髒的牙齒很容易會變成蛀牙。」

艾莉雅決定以後每天
都要早晚刷牙了。

她不想自己有口臭，
也不想牙齒只是看起
來乾淨，她希望牙齒
是真的乾淨。

你知道嗎？

· 保持牙齒清潔的最佳方法
  是每天早晚刷牙，每次刷
  牙兩分鐘。

· 避免進食糖分高的零食和
  飲料，能有助防止蛀牙。

我想穿這件衣服！

亞歷斯已經連續五天都
穿着他最愛的衣服。

這件衣服非常骯髒了。

亞歷斯的媽媽提醒他，他還有很多其他衣服。「你可以穿其他衣服呢！」媽媽説。

亞歷斯搖搖頭。這件衣服原本是屬於他哥哥森姆的。

現在，亞歷斯覺得衣服很合身，他決定天天都穿着它。

「不要迫我換衣服！」亞歷斯説。

試想想⋯⋯
你認為亞歷斯為什麼不想脱下森姆的舊衣服？

亞歷斯跟他最好的朋友占姆一起去
露營。他們爬進帳幕後，占姆很快又爬
了出來。

「好難聞啊！」占姆説，「為什麼會那麼臭？」

「我想是因為我⋯⋯」亞歷斯説，「我穿了森姆的舊衣服很
多天，因為他現正在外地上大學，我很想念他。」

幸好，媽媽有一個很棒的主意。如果亞歷斯把這件衣服留待特別場合才穿着，那麼就可以確保每次穿上時，都是乾淨的！

你知道嗎？

· 洗衣服不但能令衣服變得乾淨，也能清除衣服上的細菌。

· 將衣服放在太陽下晾乾，殺菌的功效會更大。

我的頭髮不髒！

伊維的頭髮很長，長至腰間。每次洗頭和吹乾頭髮都要花很多時間，所以她決定不再洗頭了。每天她都有一個新的藉口。

「時間太晚了，我來不及洗頭。」

「風筒不見了。」

「明天才洗吧。」

伊維已經很多天沒有洗頭，她開始感到頭部痕癢。

試想想……
如果不洗頭，你的頭髮
會變成怎麼樣？

一天早上，爸爸説：「伊維，別再抓頭了。」

「但我也沒法子。」伊維説，「我的頭很癢。」

不單頭部痕癢，伊維還覺得頭髮黏乎乎的，她不喜歡這樣。

「你想舒服一點的話，今晚可以洗頭。」爸爸説。

「我不想今晚洗頭。」伊維説，「我現在就去洗頭了！」

你知道嗎？

- 天天洗頭能清除頭髮上的污垢、油脂和異味，令頭髮保持清潔乾爽。
- 乾性或敏感髮質的人宜使用成分天然、保濕度高，及不含致敏香料的洗頭水。

我不想洗臉！

康納剛吃過他最愛的早餐——
士多啤梨蜜糖格子鬆餅。

「很好吃！」他舔舔嘴唇說。

「上學前，別忘了洗臉！」媽媽提醒他。

「為什麼？」康納問。他不滿地表示昨晚已經
洗過臉，他不想那麼快又要再洗臉。

媽媽仔細地看着康納的臉兒。「好吧。」她說，「如果你真的認為你不需要洗臉，就這樣上學去吧。」

康納很高興。

試想想……
你認為康納應該現在洗臉，抑或可以晚些才洗呢？

回到學校，其他同學都對康納投以奇異的目光。

「你們為什麼都這樣看着我？」康納問其他同學。

同學們指着他的臉。

康納照照鏡子，發現一臉都是士多啤梨醬和蜜糖。

第二天早上，康納自動自覺地去洗臉。

「上學時保持整潔很重要呢。」他跟媽媽說，「而且今天是學校的拍照日，我想以最佳狀態拍照。」

你知道嗎？

· 如果臉上很骯髒，容易引起細菌感染。

· 耳後很容易藏有污垢，別忘了清洗這個地方！

衞生小貼士

保持清潔要注意的事項

- 每天你都會觸摸很多不同的東西，這表示你的雙手會沾上很多細菌，並會把細菌帶到其他地方。洗手有助去除細菌。洗手時間要較長，例如唱兩次〈生日快樂〉歌所需的時間，就能確保你的雙手夠乾淨了。

- 淋浴或浸浴是清洗全身的最佳方法。

- 手指甲和腳趾甲的縫隙容易藏有污垢，要小心清洗乾淨。

- 每天都要更換內衣褲。

- 刷牙時，別忘了要把舌頭刷乾淨。舌頭上也會有細菌存在！

為何保持清潔那麼重要？

- 如果不把身體清洗乾淨，你便會開始發出異味。

- 骯髒的皮膚容易引起細菌感染。

- 保持清潔有助維持身體健康。

- 馬桶裏有成千上萬的細菌，所以每次如廁後也要用肥皂洗手。

- 如果刷牙的方法不正確，會容易導致蛀牙。牙醫會替你修補蛀牙或把蛀牙拔掉。

更多資訊

延伸閱讀

《小跳豆幼兒自理故事系列：我會自己刷牙》
作者：楊幼欣
（新雅文化事業有限公司，2021 年出版）

《幼兒品德發展系列：愛惜身體》
作者：麗絲‧連濃
（新雅文化事業有限公司，2021 年出版）

《兒童健康生活繪本系列：我作息健康，天天精神好！》
作者：麥曉帆
（新雅文化事業有限公司，2021 年出版）

相關網頁

親子口腔護理樂園
https://www.toothclub.gov.hk/chi/pandc.html

衞生署衞生防護中心──正確潔手
https://www.chp.gov.hk/tc/healthtopics/content/460/19728.html

詞彙表

衞生（hygiene）
一門保持清潔和健康的科學。

說謊（fib）
說假的話來欺騙別人。

細菌（germs）
微小的生物，會令人生病。

潛藏（lurk）
一些不好的東西不容易被找到。

病毒（virus）
能令人生病或引起疾病的東西。

蛀牙（tooth decay）
牙齒被細菌或其他物質侵蝕而變壞。

油脂（grease）
油膩、滑溜溜的東西。

感染（infected）
疾病入侵身體，並造成傷害。